行家宝鉴

Precious Appreciation

# 寿山石之水坑石

王一帆 著

海峡出版发行集团 | 福建美术出版社
THE STRAITS PUBLISHING & DISTRIBUTING GROUP | FUJIAN FINE ARTS PUBLISHING HOUSE

**图书在版编目（CIP）数据**

寿山石之水坑石 / 王一帆著 . -- 福州 : 福建美术出版社 , 2015.6

（行家宝鉴）

ISBN 978-7-5393-3363-2

Ⅰ . ①寿… Ⅱ . ①王… Ⅲ . ①寿山石 – 鉴赏②寿山石 – 收藏

Ⅳ . ① TS933.21 ② G894

中国版本图书馆 CIP 数据核字 (2015) 第 144986 号

**作　　者：王一帆**

**责任编辑：郑婧**

**寿山石之水坑石**

---

出版发行：海峡出版发行集团

福建美术出版社

社　　址：福州市东水路 76 号 16 层

邮　　编：350001

网　　址：http://www.fjmscbs.com

服务热线：0591-87620820（发行部）　87533718（总编办）

经　　销：福建新华发行集团有限责任公司

印　　刷：福州万紫千红印刷有限公司

开　　本：787 毫米 ×1092 毫米　1/16

印　　张：5

版　　次：2015 年 8 月第 1 版第 1 次印刷

书　　号：ISBN 978-7-5393-3363-2

定　　价：58.00 元

# 编者的话

这是一套有趣的丛书。翻开书，丰富的专业知识让您即刻爱上收藏；寥寥数语，让您顿悟收藏诀窍。那些收藏行业不能说的秘密，尽在于此。

我国自古以来便钟爱收藏，上至达官显贵，下至平民百姓，在衣食无忧之余，皆将收藏当作怡情养性之趣。娇艳欲滴的翡翠、精工细作的木雕、天生丽质的寿山石、晶莹奇巧的琥珀、神圣高洁的佛珠……这些藏品无一不包含着博大精深的文化，值得我们去了解、探寻和研究。

本丛书是一套为广大藏友精心策划与编辑的普及类收藏读物，除了各种收藏门类的基础知识，更有您所关心的市场状况、价值评估、藏品分类与鉴别以及买卖投资的实战经验等内容。

喜爱收藏的您也许还在为藏品的真伪忐忑不安，为藏品的价值暗自揣测；又或许您想要更多地了解收藏的历史渊源，探秘收藏的趣闻轶事，希望这套书能够给您满意的答案。

Precious Appreciation

行家宝鉴

# 寿山石之水坑石

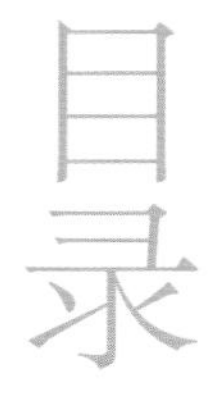

## 目录

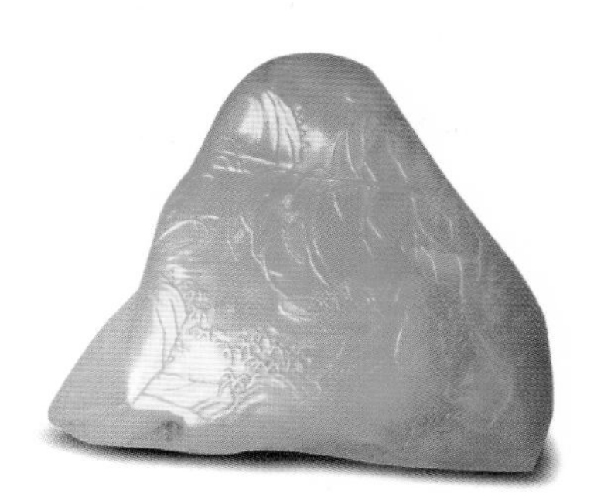

# 寿山石选购指南

寿山石的品种琳琅满目，大约有100多种，石之名称也丰富多彩，有的以产地命名，有的以坑洞命名，也有的按石质、色相命名。依传统习惯，一般将寿山石分为田坑、水坑、山坑三大类。

寿山石品类多，各时期产石亦有所不同，对于其品种之鉴别，须极有细心与耐心，而且要长期多观察与积累经验。广博其见闻，比较分析其肌理、石性等特质。比如，同样是白色透明石，含红色点的称“桃花冻”，而它又有水坑与山坑之别，其红点之色泽、粗细、疏密与石性之变化又各有不同，极其微妙。恰恰是这种微妙给人带来乐趣，让众多爱石者痴迷。

正因为寿山石品类多，变化大，所以石种品类的优劣悬殊也大，其价值也有天壤之别。因此对于品种及石质之辨别极为重要。

| 石性 | 质地 | 色彩 | 奇特 | 品相 |
|---|---|---|---|---|
| 识别寿山石的优劣、价值，不外石性、质地、色泽、品相、奇特等方面。有人说，寿山石像红酒，也讲出产年份。一般来讲，老坑石石性稳定，即使不保养，它也不会有像新性石因水分蒸发而发干并出现格裂的现象，所以老性石的价格比新性石高。 | 细腻温嫩、通灵少格、纯净有光泽者为上。 | 以鲜艳夺目、华丽动人者为上，单色的以纯净为佳。 | 纹理天然多变，以奇异为妙。 | 石材厚度宜适中，切忌太厚，以少格裂为好。 |

当然，每个人在收集、购买寿山石时，都会带有自己的想法和选择：有的单纯是为了观赏，有的是为了保值增值而做的投资，有的甚至只为了满足猎奇的心理，或者兼而有之，各人都有自己的道理。但购买时要懂得一些寿山石的常识，不要人云亦云、跟风或者贪图小便宜。世上没有无缘无故的便宜货，天上不会掉下馅饼，卖家总是心知肚明，买家需要的则是眼力。如果什么都不懂就胡乱购买一通，那就可能如人说的“一买就受伤，当个冤大头”。

寿山石是不可再生资源，随着时间的推移，一定会越来越珍贵。所以每个爱石者若以自己个人的爱好和经济能力收藏寿山石，一定是件愉悦的事，既可以带来美的享受，又能有只升不跌的受益，何乐而不为呢！

**龙马负图扁方章**·潘玉茂 作
坑头环冻石

**鼋钮扁方章**·潘玉茂 作
坑头石

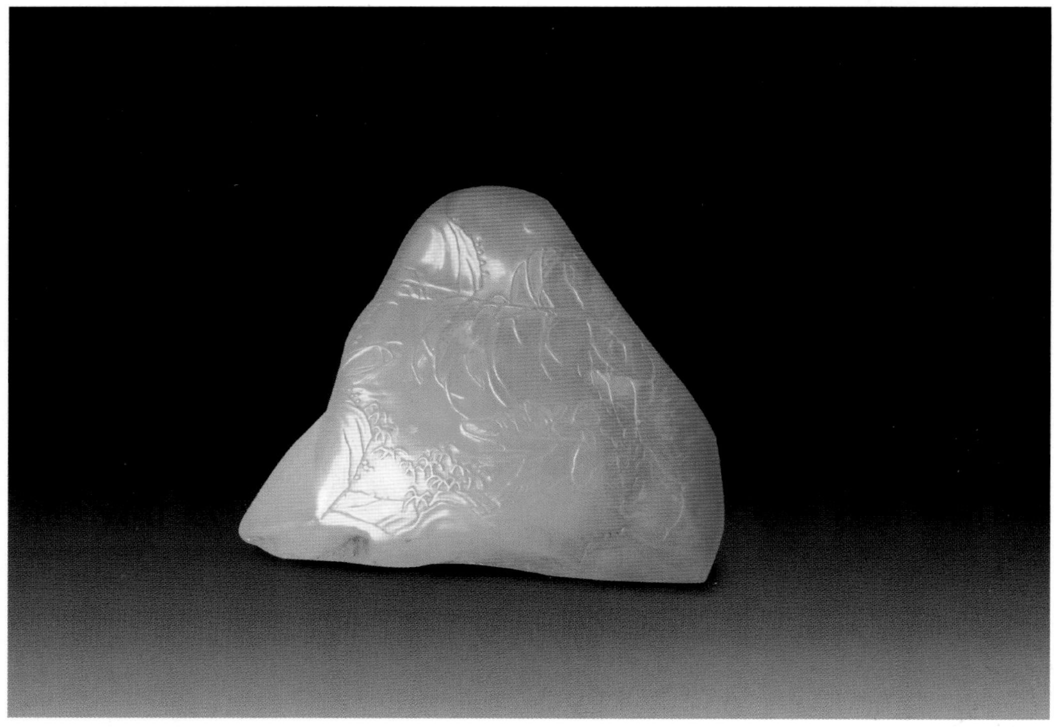

**渔家乐薄意**·林清卿 作

坑头石

**五龙戏水** · 林寿煁 作
坑头水晶石

**群猫** · 逸凡 作
坑头石

第一节

# 坑头石概述

在寿山村东南面的高山山麓有一座人称“坑头占”的小山峰，冰清玉洁的水坑石就出产于坑头占山坳的坑头洞和水晶洞中。在寿山石矿区里，水坑产区的面积最小。别看这个小小的山谷，在寿山石中却占有非常重要的地位，许多美丽动人的故事都是从这里开始的，说它独占鳌头毫不过分。著名的“坑头溪”之源头就是坑头洞，水流虽小，却十分清澈冷冽。坑头溪与大段溪、大洋溪汇合成为寿山溪。至今，唯有这一段寿山溪的流域出产名贵的田黄石。大段溪与大洋溪流域从来没有发现田黄石。村里人说：“吃到坑头水的才能出田黄石，吃不到坑头水的就没有田黄石。”所以寿山人将这条小溪的源头坑头洞奉为“风水宝穴”。人们称高山峰是寿山石的主心骨，坑头洞是寿山矿脉的“心脏”。

第二节

# 水坑石的产地与开采

《石雅·文玩》卷八记载：“寿山石，一名冻石。”这里的冻石虽是泛指寿山各品类冻石，笔者却以为专指水坑石当更贴切适宜。

有寿山石歌曰：“入山先访坑头洞，坑头独得天水沐。下有水坑养冻石，冰肌玉骨不忍触。”

水坑石矿脉呈倾斜状，延伸到溪涧之底，地下水丰富，有坑头洞与水晶洞两个矿洞。水坑石久蕴于带有机酸硫磺酸水为浸润酸化，所以石质晶莹，多呈透明状而凝腻富有光泽，石之名称多与晶冻有关。所谓冻者与晶者，透明却不同于玻璃，而是如寒冬冻结之油脂。历来收藏家因其质地难得，倍加珍重。坑头洞的洞口在地面，往山体内开采，不断有地下水涌出，开采困难。水晶洞延伸至涧水之下，悬绳下垂凿坑，终年积水不退，也称“溪中洞”，必须在水下采矿，难度更大。

水坑石矿床成矿石沉淀晶化的方式特殊，夹生于坚硬的石英斑岩中，矿层稀薄，约在15~30 厘米之间，矿脉时断时续，蕴量甚微。水坑石的开发历史已很悠久，有人说在宋朝时已经开采，没有明证。一般认为初由广应寺僧侣采石，由于地势险恶，深邃莫测，复有水患，凿采艰难，所以出石甚少。

寿山村外原有一座“广应寺”，建于唐朝，明代洪武年间被火烧毁，寺中僧侣藏玩的寿山石被火烧后，又被埋入废墟之中，后人在寺院遗址挖掘出的寿山石名之“寺坪石”。其中就有水坑石，这说明水坑石至少在明代已经开发。水坑石矿洞曾出产一批优质冻石，但由于溪水弥漫，开采难度很大，而且矿层稀薄，块度细碎，无法继续开采，不久矿洞塌陷而废。清代康熙年间，复行开采，产出一批佳石，欲得方寸之材，其难不可言喻。黄任《寿山石》诗中写道：“惟有水坑在涧底，四时暗溜鸣嘈嘈，其间结窝不可觅，觅得一线群欢号”，自此“水坑”一名始流行于世，身价百倍。惜未久洞陷产竭，古洞遗址至今犹存。其后数百年间，寿山石农有几次试图重新开采水坑石，都无功而止。1938 年又曾一度开发，所获佳石也不多。1973 年，当时的寿山村生产大队组织人员重新开采水晶洞，用粗木架设井架，三部抽水机同时排水，用滑轮吊车出石渣，挖掘出一些水晶石，但上品不多。终因洞深、水多、石少而放弃。1980 年再一次联合开采，因为同样的困难还是无果而弃。1987 年复于水晶旧洞抽水采掘，历时六个月，铩羽而归，叹曰：水晶冻石可望不可及，故有“百年稀珍水晶冻”之说，对于晶莹可爱的水坑美石，也只有望溪兴叹了。有史以来，水晶洞没有开采过几次，出产量很少，现在见到的水晶冻石多为百年传世旧品，十分稀罕，向来被收藏界视为珍宝。如今水晶洞老坑早已废弃，只能见到残留之椽木及一泓积水，述说着当年开采之艰难。

坑头有三、四个矿洞口，现在这些洞基本都已被政府封固保护，禁止开采。

坑头占

寿山溪源头的坑头洞开采时间最长，从洞内退运出的矿渣埋没了寿山溪的源头，涧水已成了地下暗流，寿山溪的水量也比从前小多了。黄白色的矿渣在寂静的山谷中越堆越远，掩盖了历史陈迹，又生成了新的历史长河。坑头洞以外的几个矿洞，多向上挖掘，与高山鸡窝石洞之矿脉相连，矿洞标高 50 米，开采出许多大块头的“坑头石”，石性介于坑头石与鸡窝石之间，已带有山坑石的特性，石多黑色，俗称“乌姆”，间有红色，少有白色与黄色及牛角赭色，白色石多带淡灰蓝地。通灵度也相对减弱，称之“新性坑头石”。

从坑头洞周边挖掘，时有块状坑头石，外层受有机酸硫磺酸的浸蚀而变黄色，称之掘性坑头独石，有挂皮者，称为“坑头田石”。坑头田石棱角明显，格纹多，色多赭黄，亦有红色筋格，唯有肌理之棉花絮状丝纹、白色晕点与田黄石有别，质佳者亦属难得。

第三节

# 坑头石的品种

水坑出产的矿石统称为坑头石，各色皆有，以黑或泛青蓝者为多，以色相命名者有坑头白、坑头乌和坑头青，其中质地纯洁凝者名为“坑头冻石”，质地晶莹者名为“坑头晶石”。水坑石中以“水冻”最富特色，通常根据质地、色泽分别命名取号，如坑头水晶冻石、坑头鱼脑冻石、坑头鳝草冻石、坑头牛角冻石、坑头天蓝冻石、坑头桃花冻石、坑头玛瑙冻石、坑头环冻石、坑头冻油石、掘性坑头石等。坑头水晶冻石透明莹澈如同水晶，有红、黄、白三种色泽，以白水晶冻为多，黄水晶冻较稀少，红水晶冻十分罕见。有二色或三色相间者，均极难得，主要产于水晶洞，堪称水坑上品。

**坑头水晶冻石素章**

## 坑头白水晶冻石：

白水晶冻石又名晶玉，质地细腻微坚，白色。通体明透如玻璃，俗称“玻璃地”。肌理隐棉花絮状细纹，时有粉白点（俗称“虱子卵”）以及金属细砂夹杂其间。佳者可隔石望物，可见其灵洁通明。有白透、雪白、淡灰白及淡青白等。玻璃透明一览无余，缺乏内涵和情韵，而水晶冻明洁通透，欲露还藏，情趣动人。

水晶洞旧貌，现洞口已被封住

坑头白水晶冻石素章

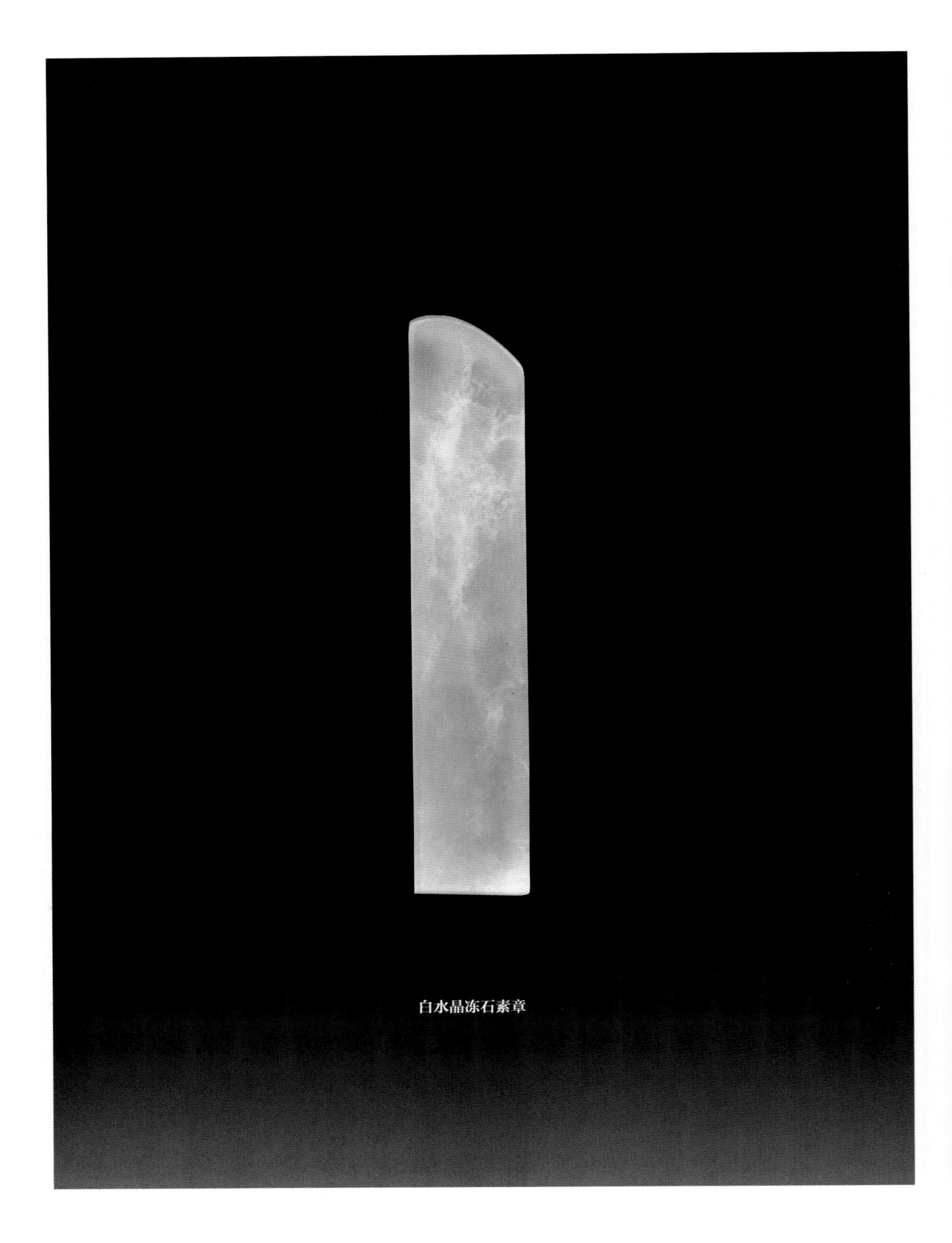

白水晶冻石素章

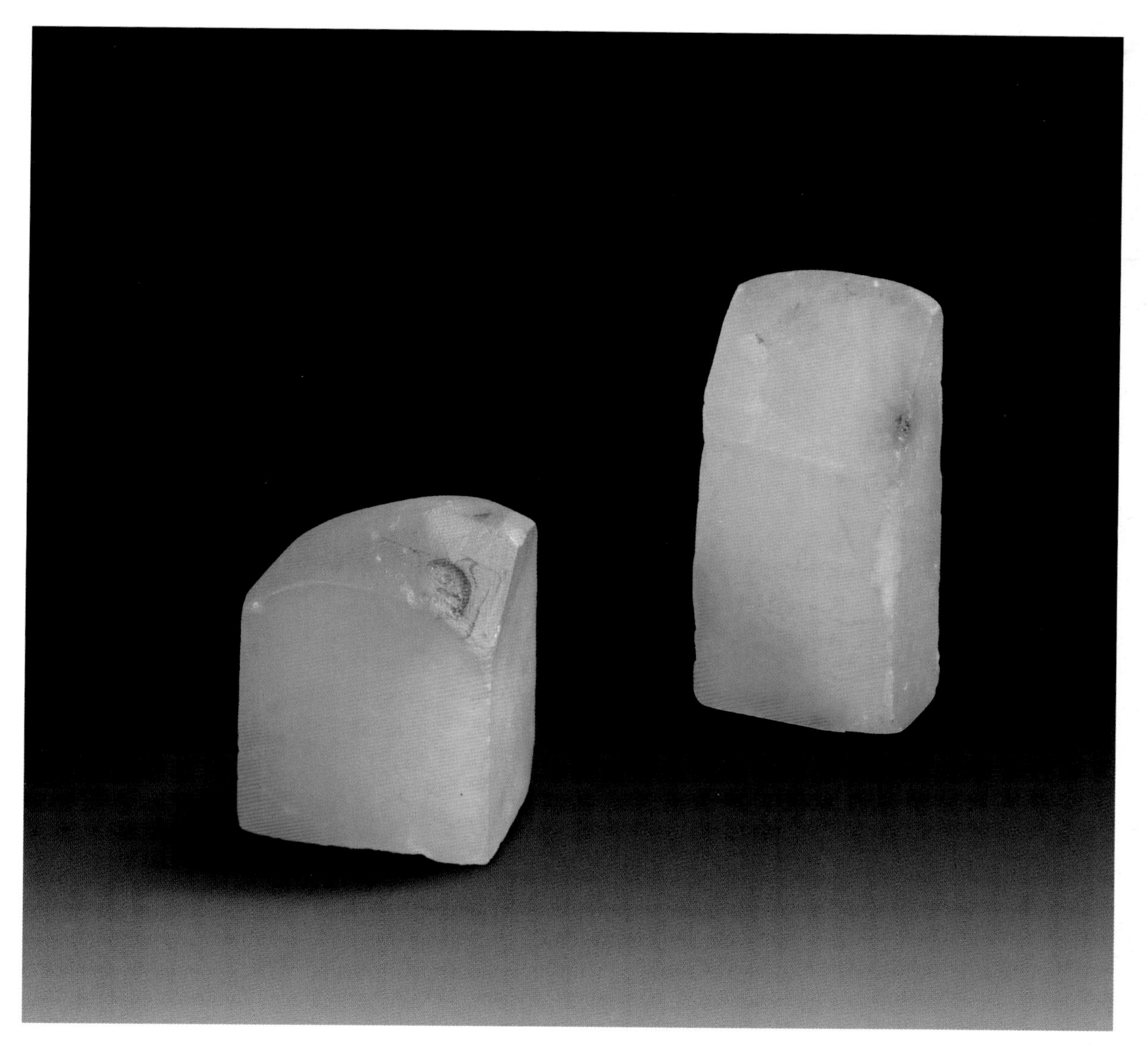

坑头黄水晶冻石素章二方

**坑头黄水晶冻石:**

即黄色的水晶冻石，色有杏花黄或枇杷黄，通明纯正，间偶有红丝筋络似毛细血管，色泽表里如一，因似“田黄石”俗称“黄冻”，推为极品，极为稀罕难觅。

**坑头溪中冻独石:**

产自水晶洞附近之溪中石，石质格外细腻超群，品质清雅，色同黄水晶冻。其中有色泽表里一致，如初制之枇杷，匀整而纯净，间有红筋但少石皮者，称之为“黄冻”。其材都不大，多呈自然形块状。

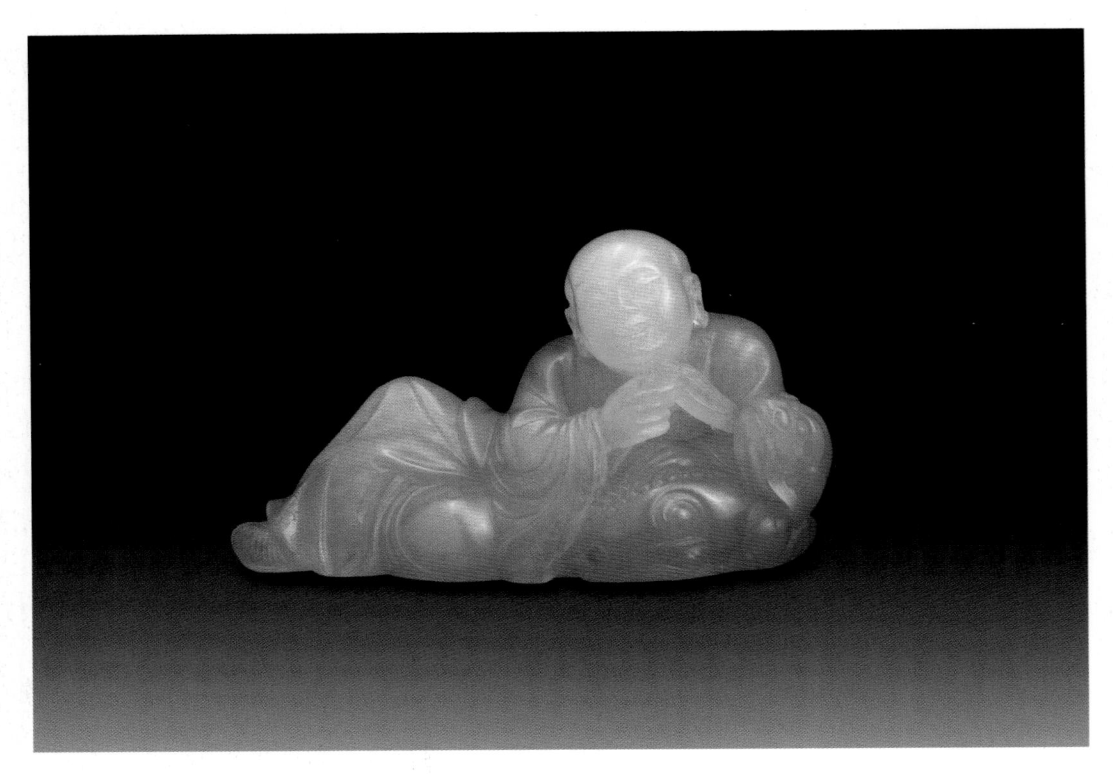

**伏狮罗汉** · 王祖光 作
坑头黄水晶冻石

**古兽章**

坑头黄水晶石

**松下读经薄意** · 林文举 作

坑头微黄水晶冻石

坑头红水晶冻石素章

**坑头红水晶冻石：**

色或淡若红粉，或艳比红蜡，或桃花流水，纯净无瑕，如置灯光下异光耀眼，如美人醉酒，甚惹人喜爱。

**坑头水晶梅花红冻石：**

水晶冻中之珍品。于微黄水晶冻质地中，密布浓鲜红色斑点，或粗或细，或密或疏，整体通红，艳而不俗，沉着雅致。有人评之与鸭雄绿石同列为绝无仅有的稀世珍宝。可惜只见文字相传，未睹芳容，实为憾事。

**坑头巧色水晶冻石：**

两色或多色混合的坑头水晶冻石，色界多浓淡交融渐变，或白转淡黄，或黄、红兼融，艳丽夺目。

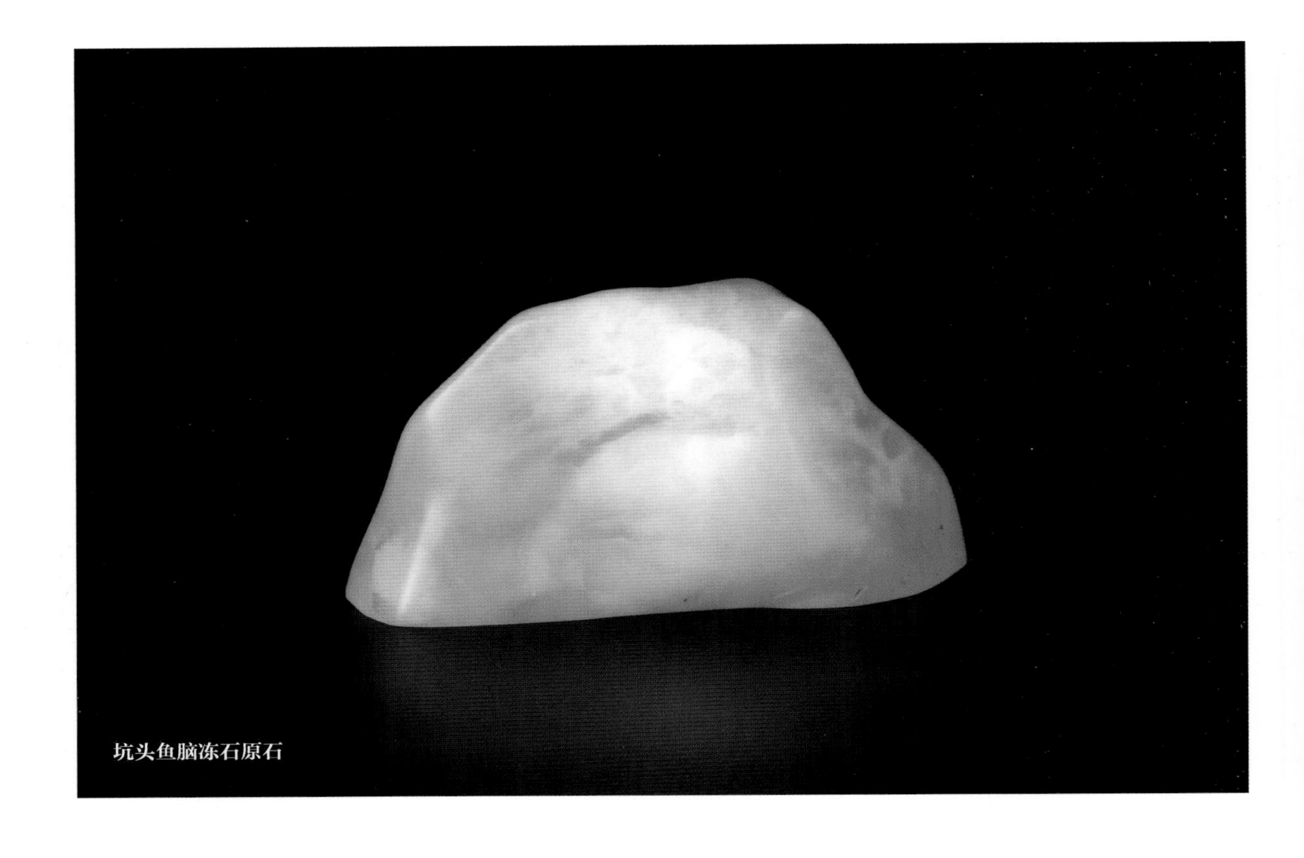
坑头鱼脑冻石原石

## 坑头鱼脑冻石：

乃极品水晶冻，古人称“羊脂类”。质地洁净通灵，是水坑冻石中的名贵品种，古人赞曰：“玉质温润、莹洁无纇，如搏酥割肪，膏方内凝，而腻已外达。”最足以形容其特质。色有羊脂白、橙红、糖果黄三种，以羊脂白最纯净而具代表性，质格外凝腻脂润，透明体中有团状白色，如黄瓜鱼之脑中两块白色块状，故得名“鱼脑冻”。水晶洞和坑头洞皆有产。

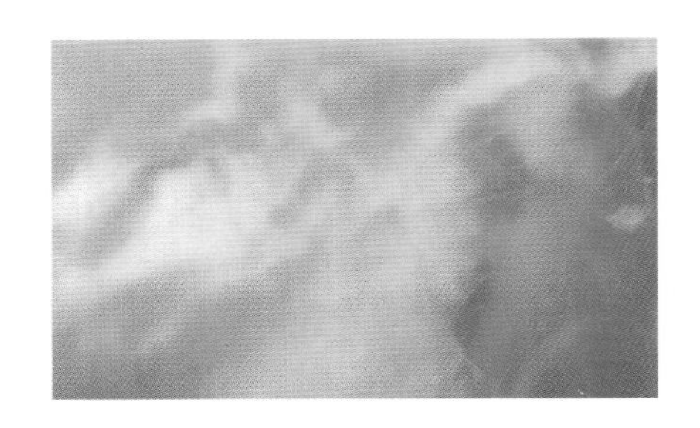
此坑头冻石中的白色部分是不通透的部分，而不是“白糕”，形似鱼脑。

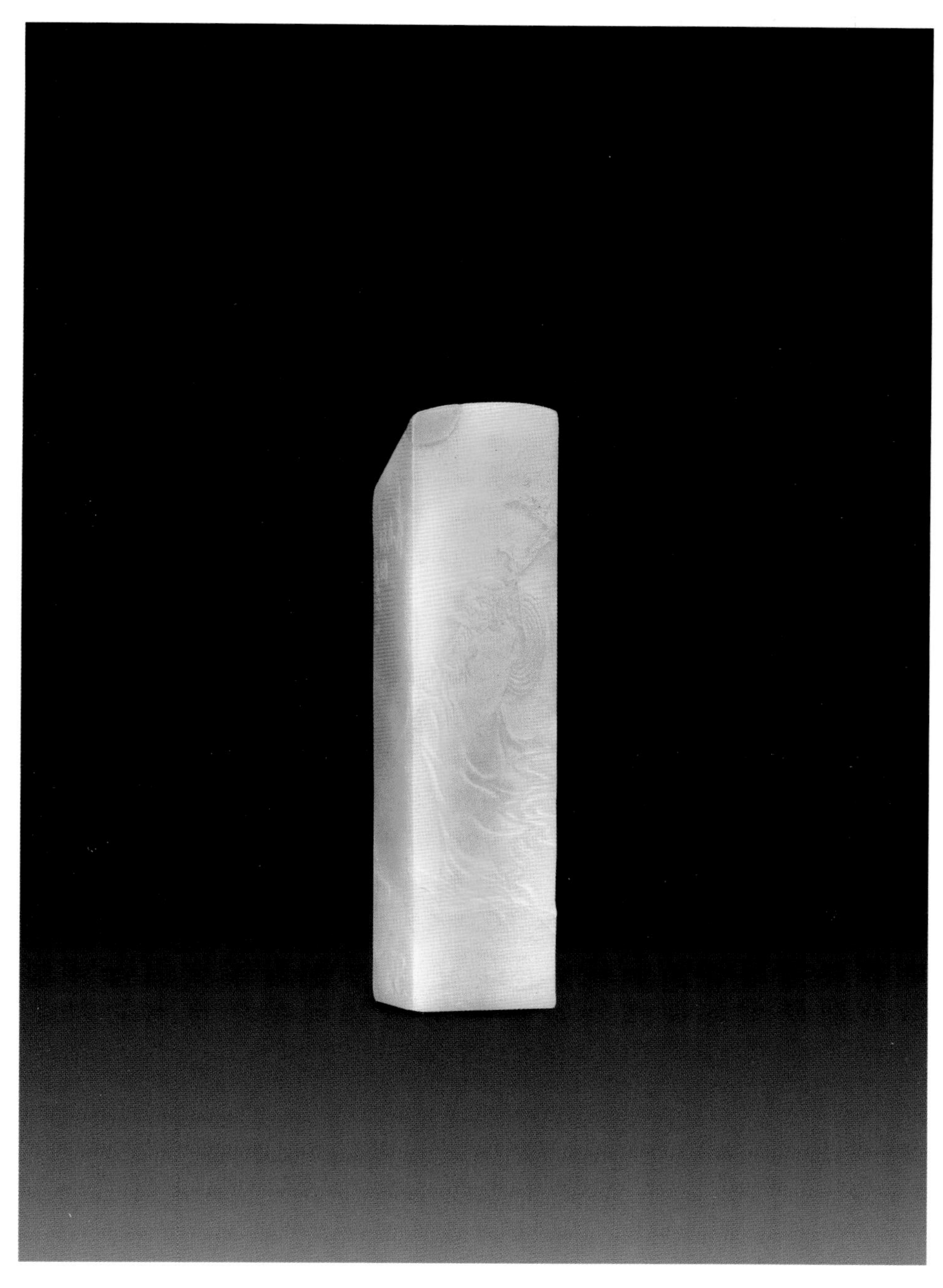

**达摩东渡图薄意** · 林文举 作
坑头黄鱼脑冻石

**坑头红鱼脑冻石正方章**

诗人黄任赞鱼脑冻石曰："是名津津鱼脑冻，欲滴不滴凝为膏。蓝桥云浆冻不饮，结作冰片能坚牢。名门市门俱罕觏，一两半两皆幸遭。大如拇指小枝指，半粟尘垢千爬搔。雕人睨视不敢琢，审曲面执争分毫。闲作小印古篆刻，拣选好手工操刀。沉檀为匣谨什袭，裹以古锦莹似绦。何来掌上比燕玉，天与暖老吾滥叨。"

**竹节**·作
坑头鱼鳞冻石

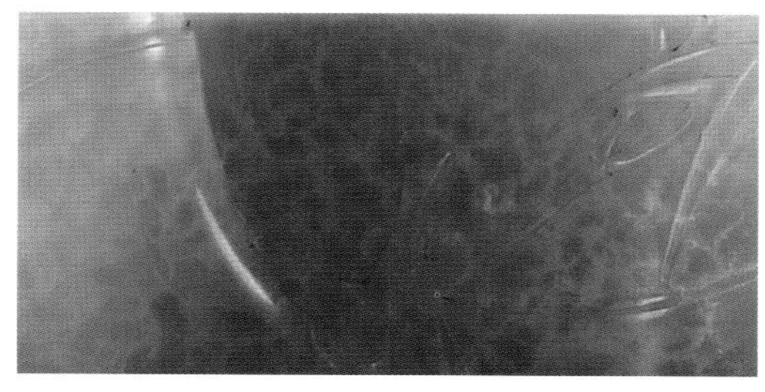
鱼鳞纹

### 坑头鱼鳞冻石：

石性通灵，半透明，色灰中略带微黄，因肌理隐细点，类似鳝鱼之背脊，故有人称“鱼鳞冻”。

**坑头鱼鳞冻石素章**

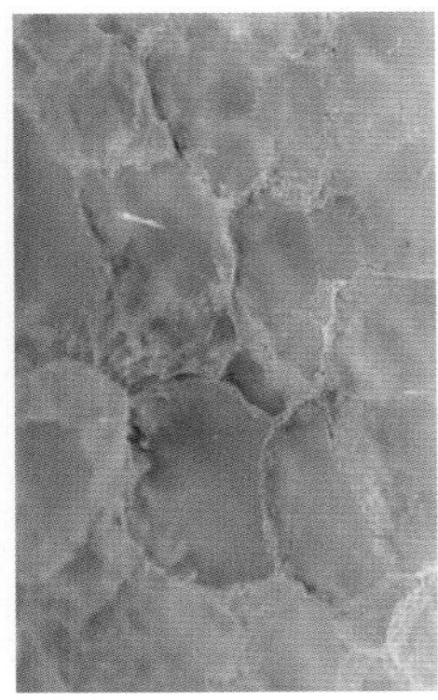

鱼鳞纹

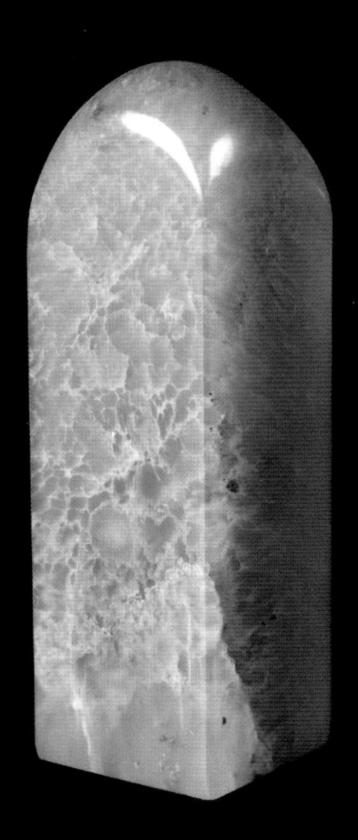
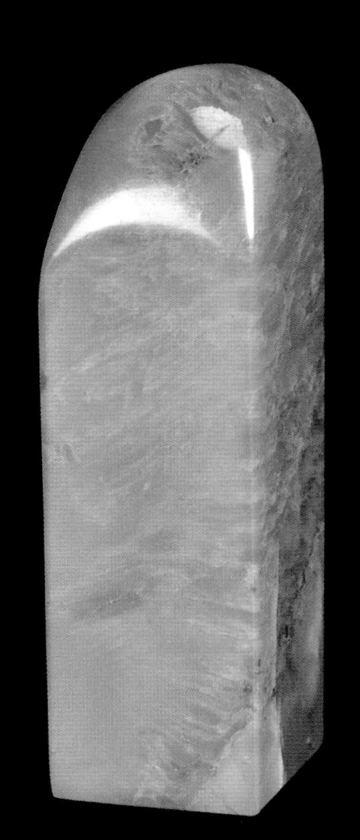

坑头鱼鳞冻石素章

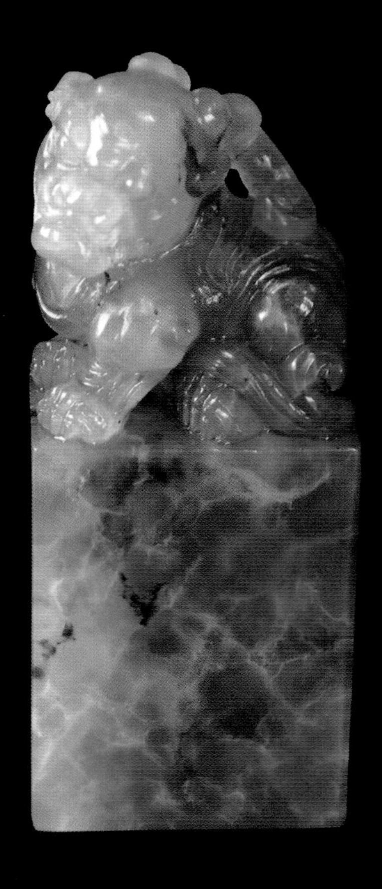

**古兽章**

坑头鱼鳞冻石

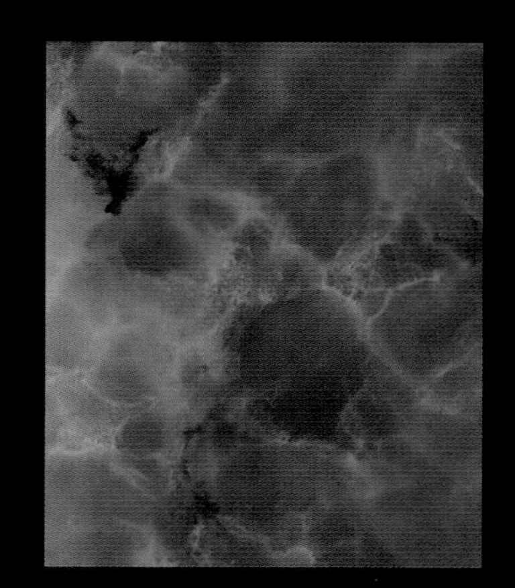

鱼鳞纹

坑头鳝草冻石素章

### 坑头鳝草冻石：

色灰白，半透明体中含条条纹理，状如水底草叶者，称“鳝草冻”或“仙草冻”。

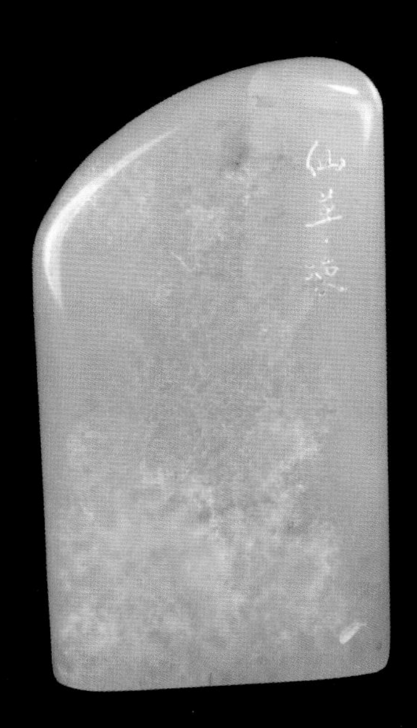

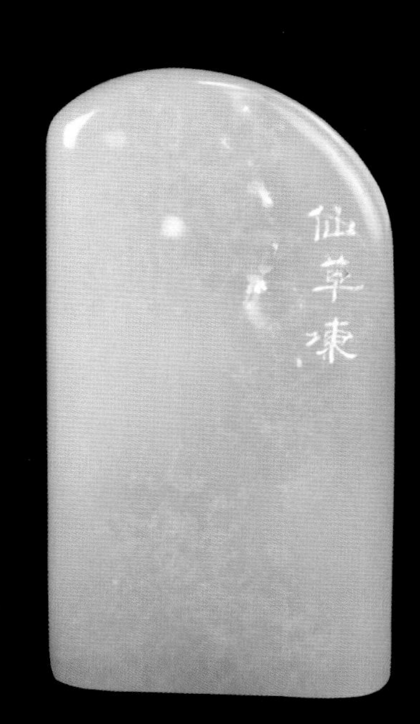


坑头仙草冻石素章

**三脚蟾**·逸凡 作
坑头天蓝冻石

**坑头天蓝冻石：**

坑头洞与水晶洞均有产，石质莹澈通灵，肌理含棉花絮状细纹或蓝色点，石色有微黄蓝、青蓝、灰蓝等，以灰蓝居多。其质地明净，色泽青蓝，愈淡愈妙。高兆《观石录》形容其“出青之蓝，蔚蔚有光”。如蓝墨水滴于清水之中，“青天散彩”，予人一股清雅之魅力。

**古狮钮**

坑头天蓝冻方章

**古兽章二方**

坑头天蓝冻石

**牧童避雨归来晚薄意**

坑头牛角冻石

## 坑头牛角冻石：

水坑中常见的冻石品种，主要产于坑头洞。色黑中带赭，质地澈透，温雅而富有光泽，跟茶色玻璃之色有点相似。浓者如水牛角，淡者似犀牛角。肌理隐约有棉絮状流纹，时有含金属细砂及粉白色点，陈子奋《寿山印石小记》评牛角冻优劣时写道："向空视之，现暗黄色，此其佳品，不甚透明而有砂点裂痕者，次之。"坑头牛角冻石，质地通灵，肌理隐有水流纹，温雅可爱，常被一些人唤作为黑田石，但牛角冻石与黑田石相比，通灵过之而温润还欠。

**坑头牛角冻原石**

坑头石金砂剖面

坑头石金砂线

**虎钮**·陈庆国 作
水坑牛角冻石

**双马**

坑头牛角冻石

坑头桃花冻正方章

**坑头桃花冻石：**

又名“桃花水”。在白色透明体中含鲜红色细点，或疏或密，浓淡相映，光彩夺目，如胭脂之渍粉；似片片桃花瓣浮沉于溪水之中，极为娇艳，楚楚荡漾。以质地纯白洁净而红点细密者为妙品，以混杂砂格或花点凝结者次之。该石种绝产已久，现今肆市所见多为山坑所出之品种。

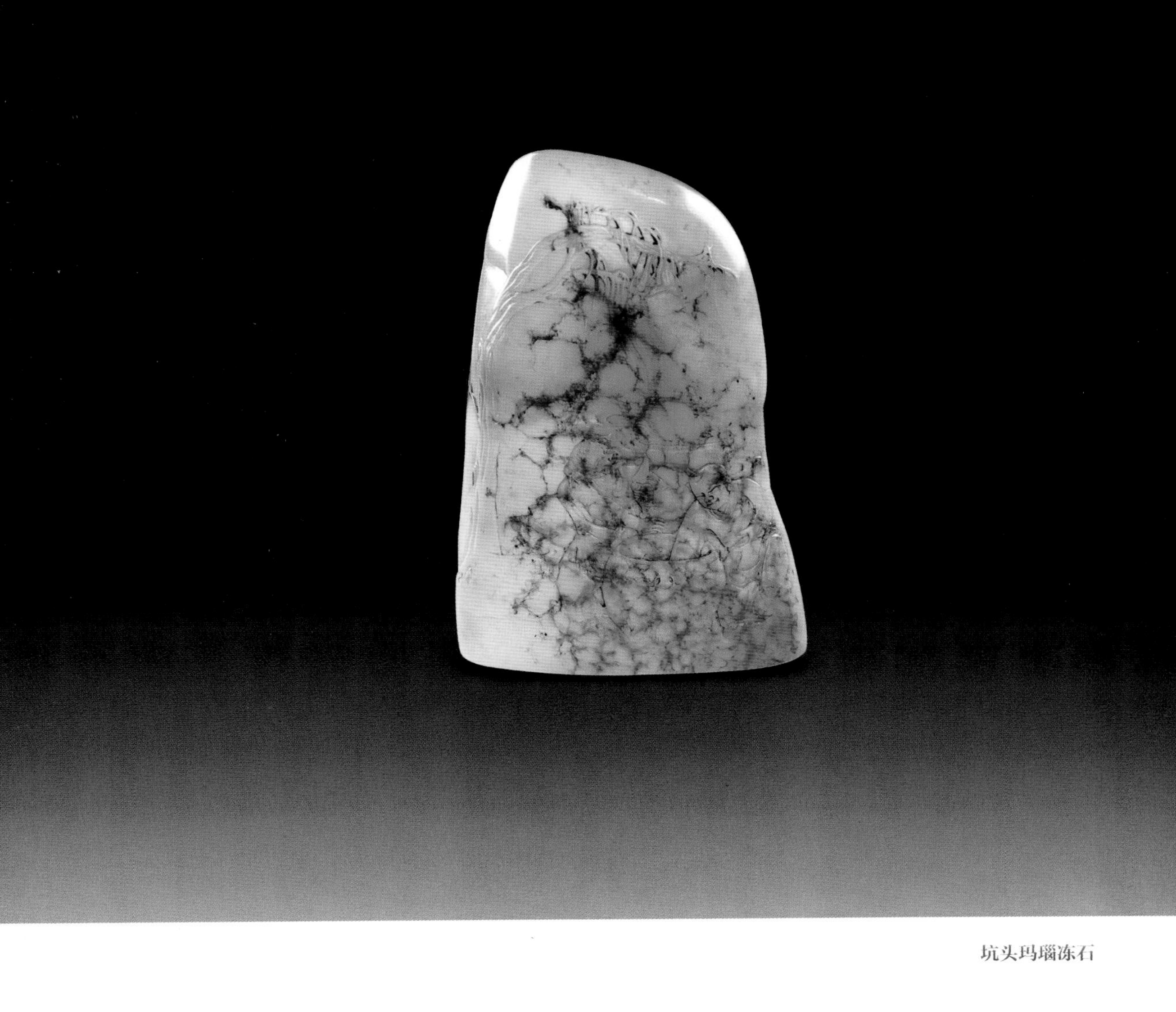

坑头玛瑙冻石

## 坑头玛瑙冻石：

主要产于坑头洞，质地通灵，有红、黄、白色。因纹理类于“玛瑙”而得名。多三色或二色相间，纯色者少，色彩不论纯一或是交融，皆光彩烂漫。玛瑙冻石又因色相有：坑头玛瑙白冻石，多为透明地含乳白色块，偶杂黑斑；坑头玛瑙红冻石，其浓淡相间，鲜艳如鸡冠者佳；坑头玛瑙黄冻石，其淡黄色肌理中含粟黄团块，以质地清纯者为上品。

坑头玛瑙冻石

坑头玛瑙冻石　　高山玛瑙冻石

**坑头玛瑙冻石与高山玛瑙冻石：**

坑头玛瑙冻石质地通灵，性坚，表里凝澈纯净，透明度强。

高山玛瑙冻石石质纯洁，富光泽，石性比坑头石稍松。

**竹节** · 王鸿斌 作
坑头玛瑙冻石

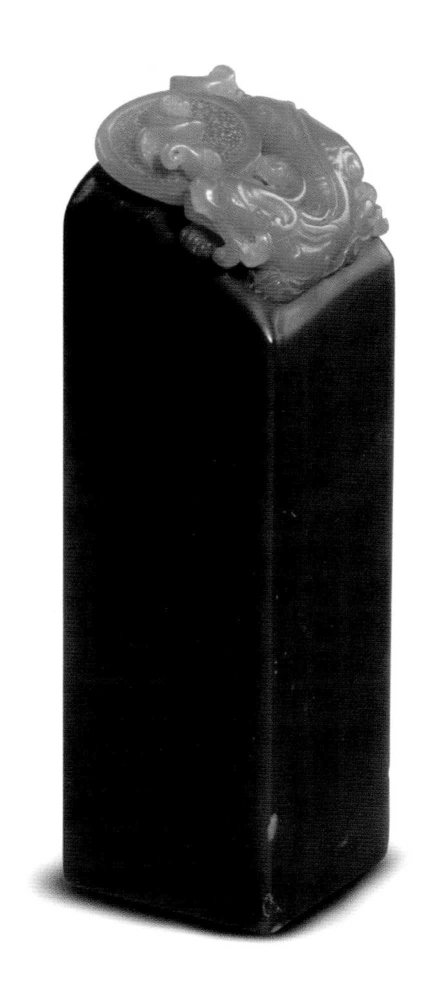

**螭虎钱钮方章**
坑头玛瑙石

**出淤泥而不染扁方章**·廖一刀（廖德良）作
坑头玛瑙白冻石

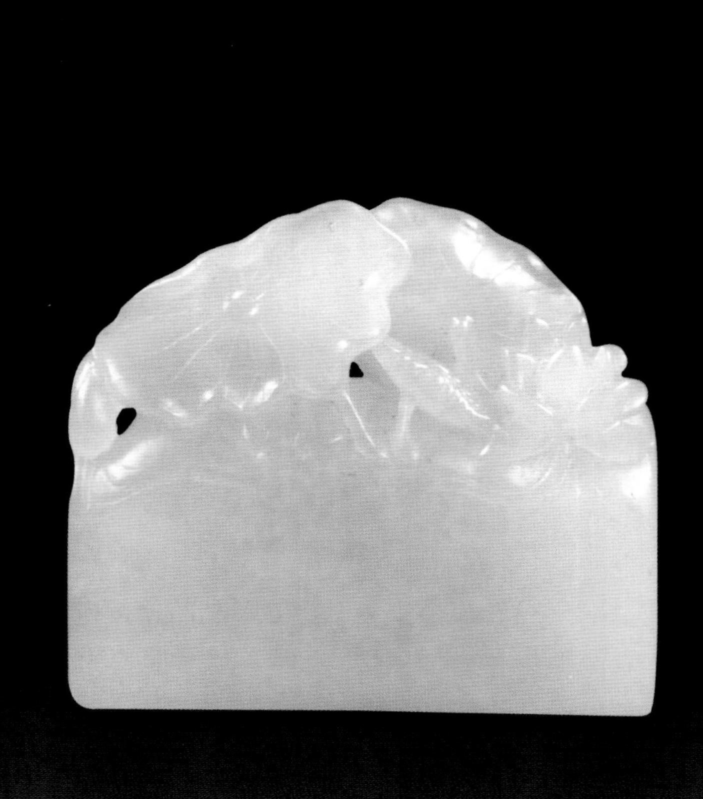

**云蝠扁方章**

巧色坑头玛瑙冻石

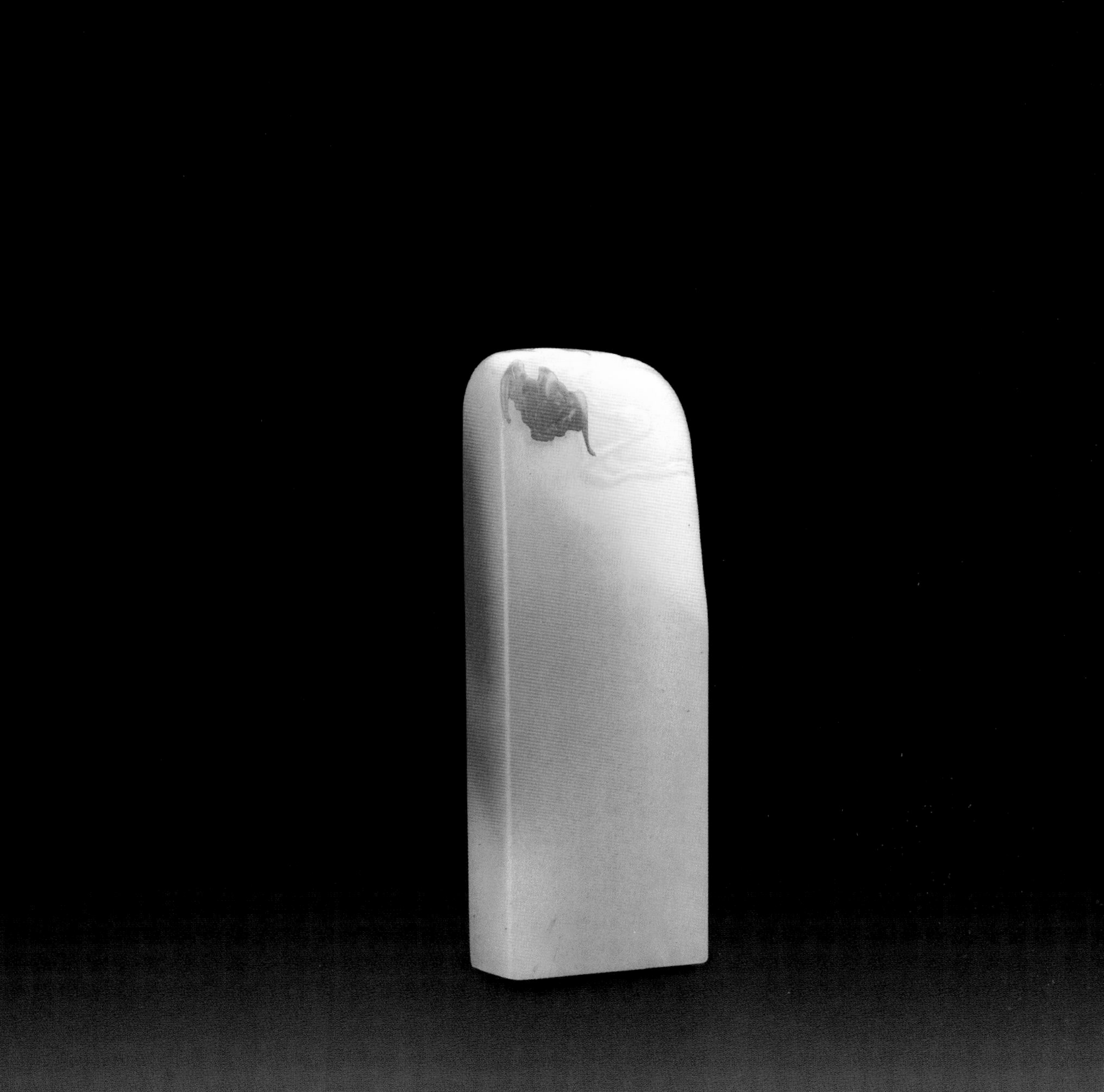

三色坑头玛瑙冻方章

坑头多色玛瑙冻石

**坑头多色玛瑙冻石：**

专指石有两色以上之多色相间的玛瑙冻石，其白地杂黄、红斑纹或红地杂灰、白色块，色相对比强烈，娇艳了得。

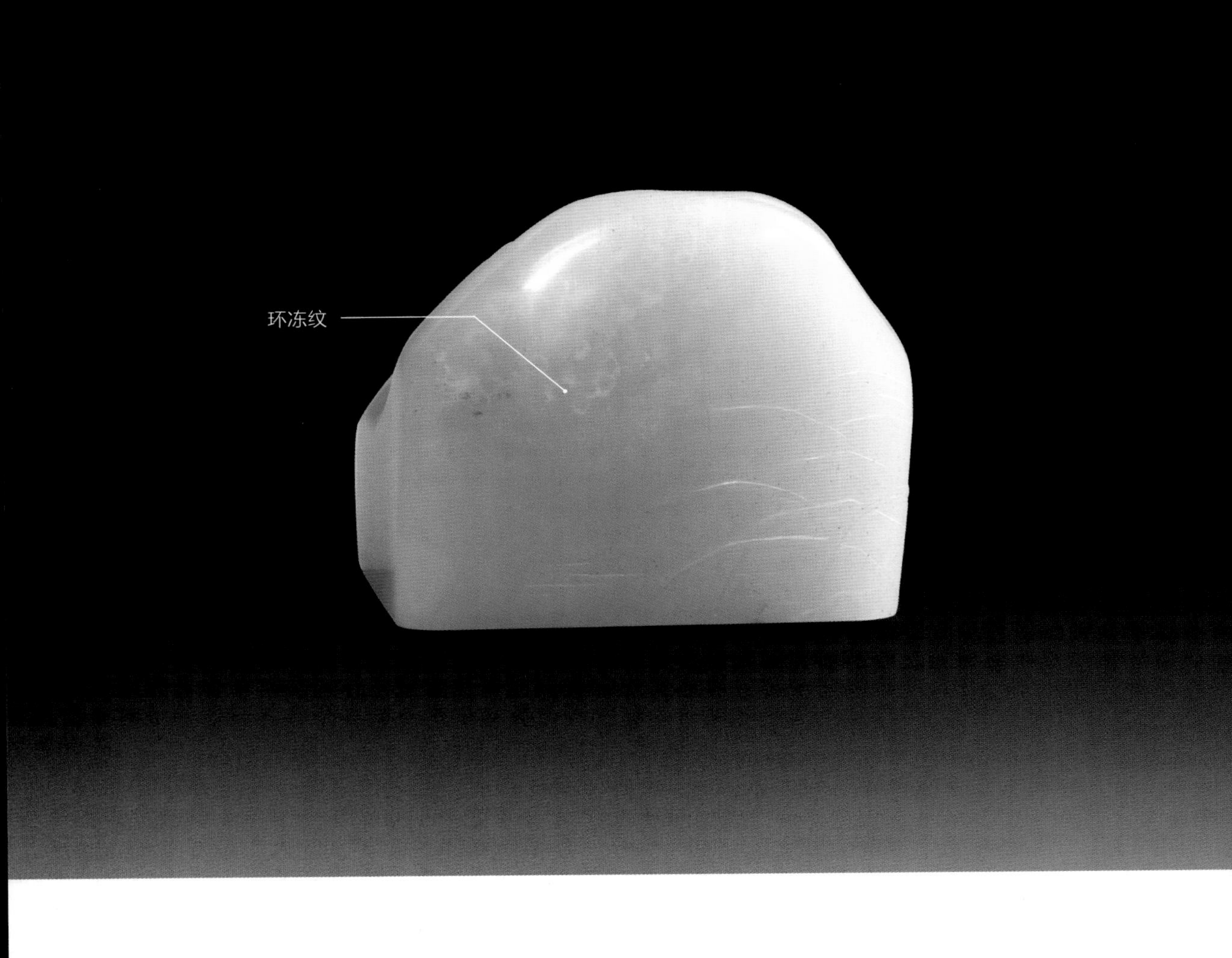


**坑头环冻石：**

在水坑冻石中，石质肌理内隐现白色或灰白色之圆圈。或单环，或双环，或多环相连，层层叠叠，妙不可言。以环纹圆而清晰、疏密得当为上品。环冻石若久经油浸则环隐，清净无油则环显，颇为奇特。如经常摩挲把玩，外生“包浆”，环纹反而更加显露，藏家珍视之。环冻石在水坑各品种中都有，以水晶环冻及牛角环冻常见，偶有环状极为密集，成橘瓤状，称橘瓤水晶环冻石。高山冻石中亦时有见之环冻。但石性不如水坑环冻石坚，可以分别。

**羊钮**

坑头橘瓢环冻石

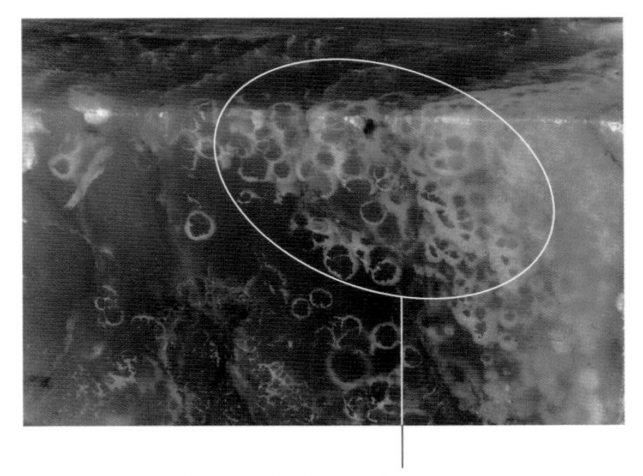

章体底部明显的橘瓢环冻

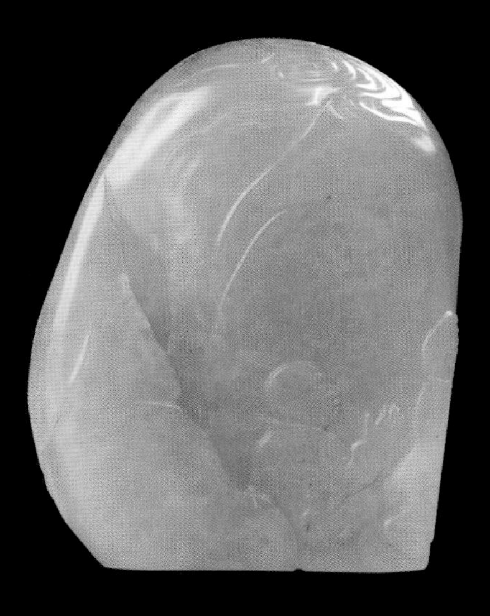

**童趣薄意随形章**·逸凡 作
坑头环冻石

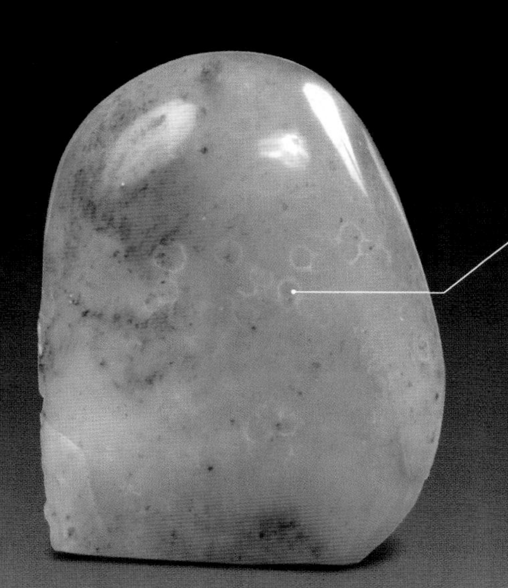

坑头环冻原石

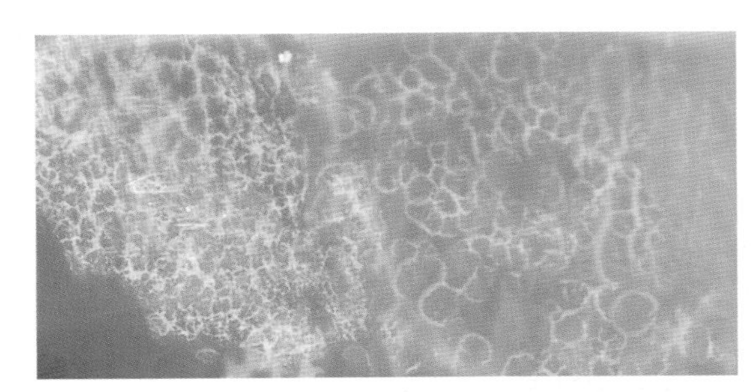

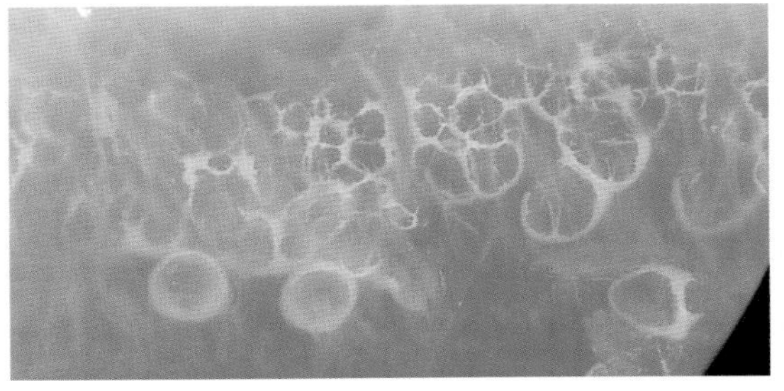

环冻肌理

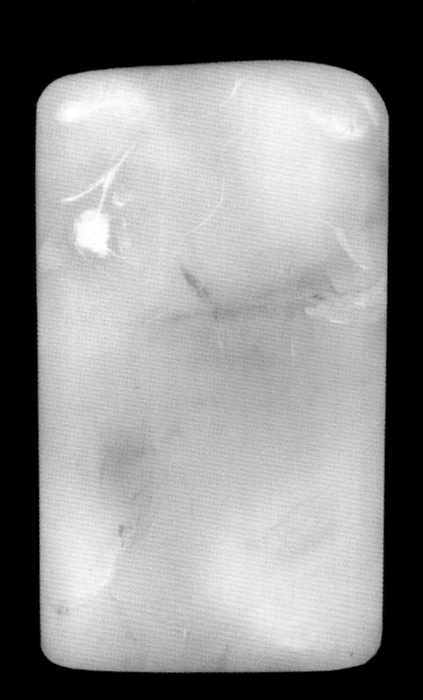

坑头环油石椭圆章

## 坑头冻油石：

因润滑如结冻之油蜡而得名。其质坚细，微透明或不透明，色脂白或略带牙黄、淡灰，间杂细黑点。其中纯洁者酷似“猪油白芙蓉冻石”，唯稍逊细嫩。色略带微黄者，又称坑头蜜蜡冻石，微灰底色中呈蜜黄或橙黄，色相奇特罕见而显优雅，肌理隐现密集细水纹，水纹中间杂黑砂点。

**古螭图** · 刘丹明（石丹）作
坑头冻石

**坑头冻石：**

坑头石中质地纯洁、莹澈而凝腻者，除上列品种外无从归类者，通称为“坑头冻石”。多夹带色点及金属细砂。红、黄、白、蓝、青等各色都有，亦常二色或三色相间。

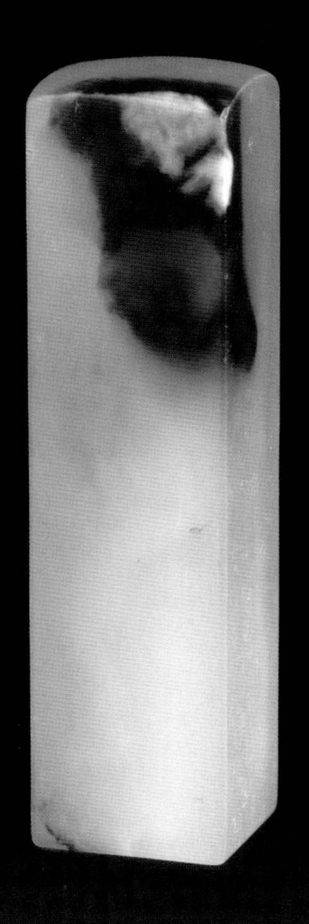

坑头冻石素章

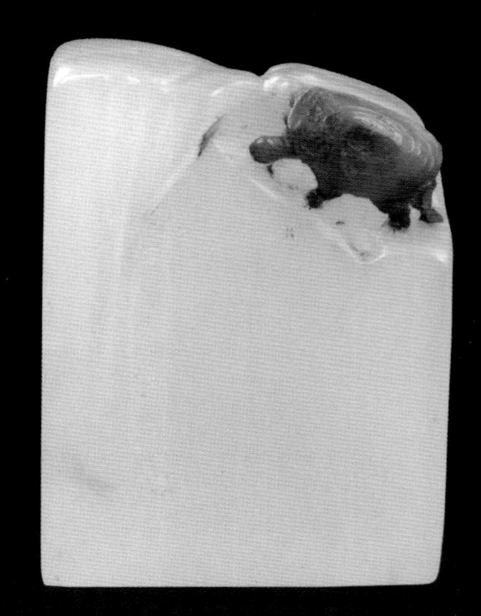

**龟钮** 坑头冻石

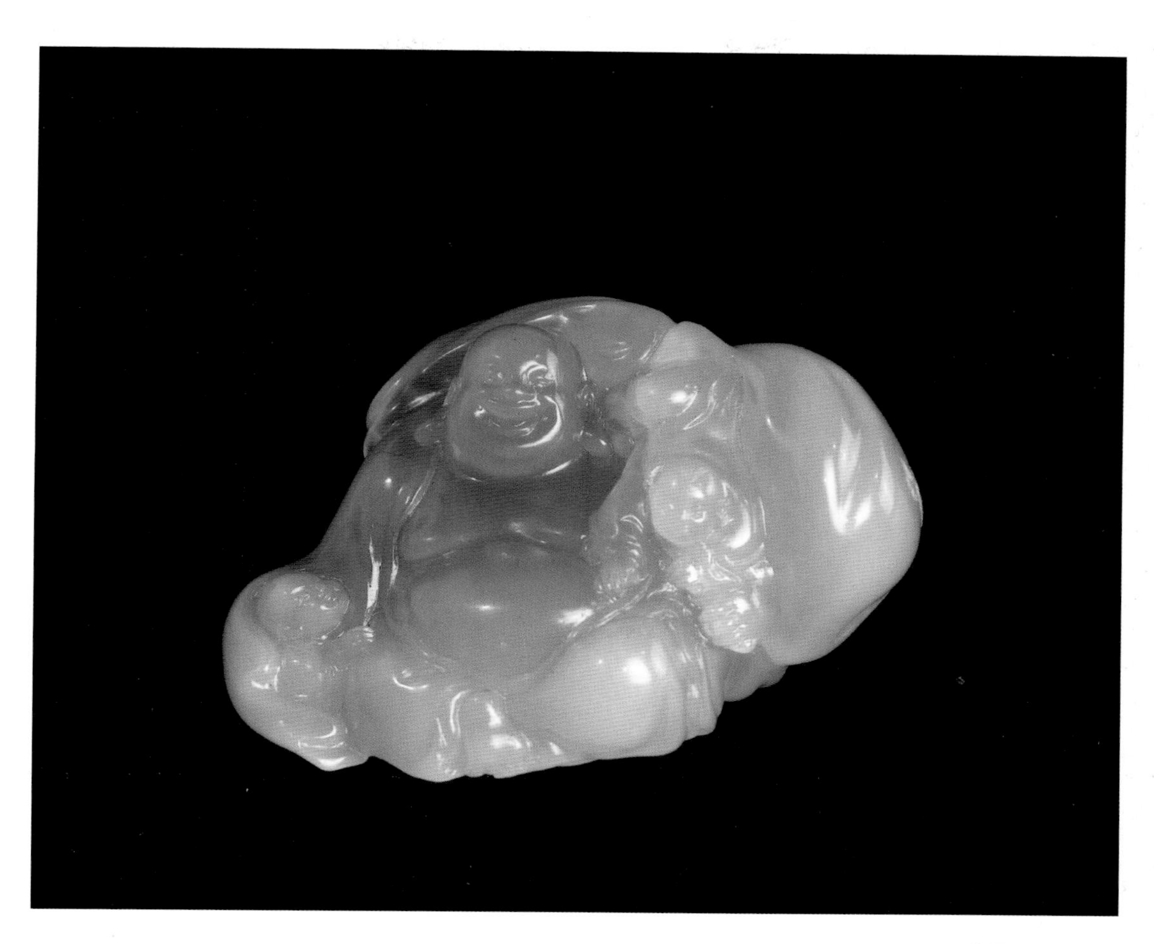

**弥勒** · 林飞 作
坑头冻石

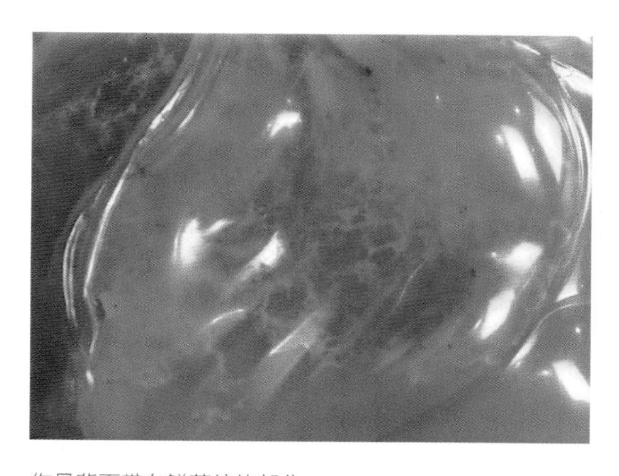

作品背面带有鳝草纹的部分

坑头冻石素章　　高山冻石素章

**坑头冻石与高山冻石：**

坑头冻石质通灵，透明或半透明。

高山冻石质如凝脂，十分细腻，微透明。质地较坑头冻石稍松。

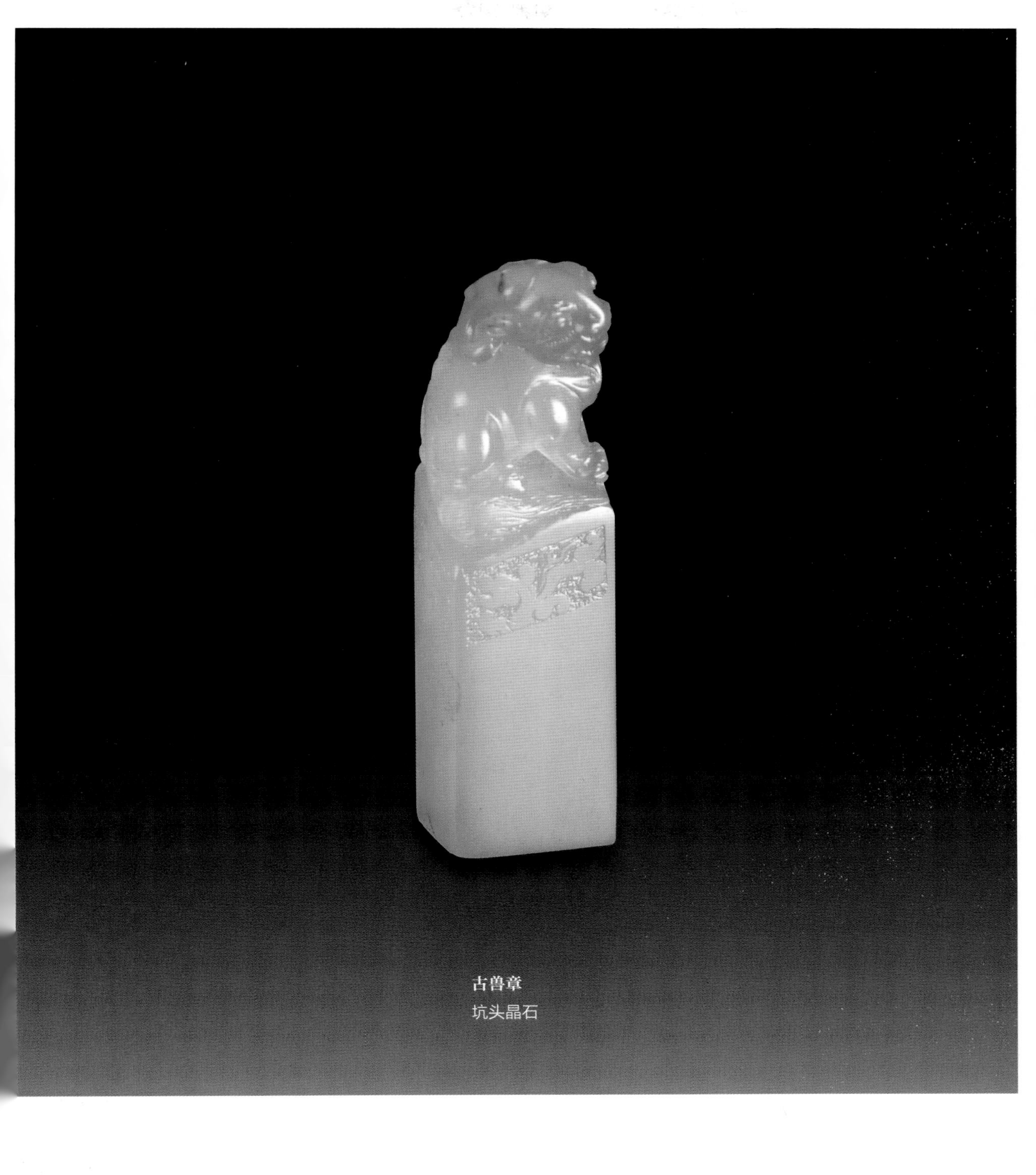

古兽章

坑头晶石

**坑头晶石：**

与坑头冻石相比，质地更为结晶通灵、莹澈者，称为坑头晶石。

**云龙**

坑头晶石

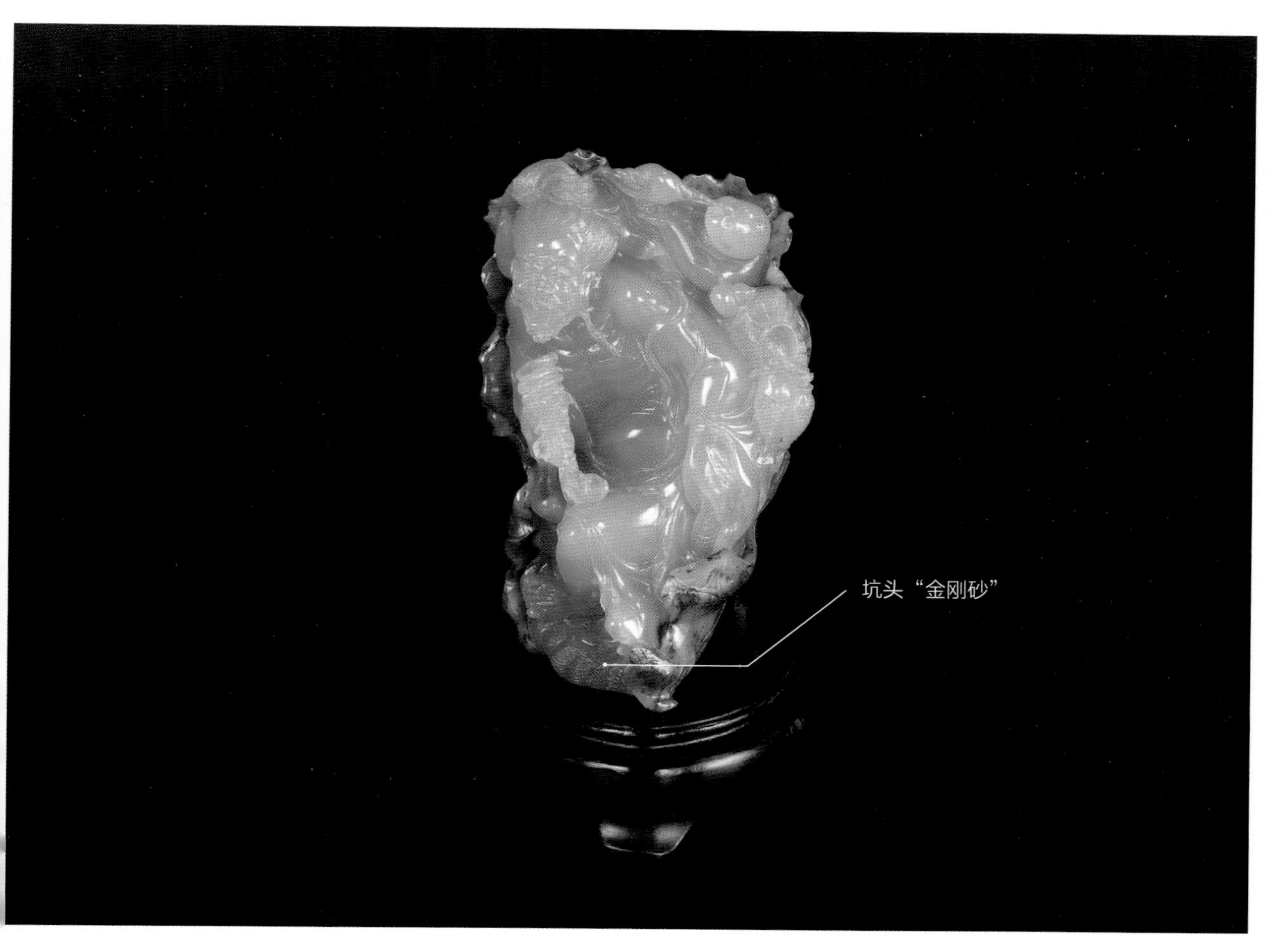


**年年有余** · 陈华 作
坑头晶石

**春风拂细浪 锦鲤戏落英**·渡之 作
巧色坑头晶石

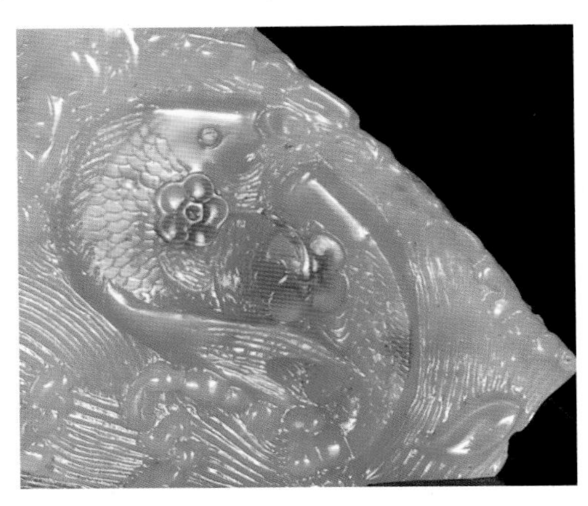

**掘性坑头石：**

产于坑头一带砂土层中的块状独石，因其掘于土中，色多赭黄，亦有红筋及水流状丝纹。丝纹较隐而不显，质佳者亦属难得。因在坑头溪一带挖出，所以又称之为“坑头田石”。但其肌理含有白色晕点，为田黄石所没有，且通灵有余，温润不足，可以辨别。

**谈古论今薄意**
坑头田石

灯照下通体晶莹剔透

**岛牛** · 周宝庭 作
黑坑头石

## 黑坑头石：

即纯黑色、不通透的坑头石，俗称“乌姆”。

**古兽**
黑坑头石

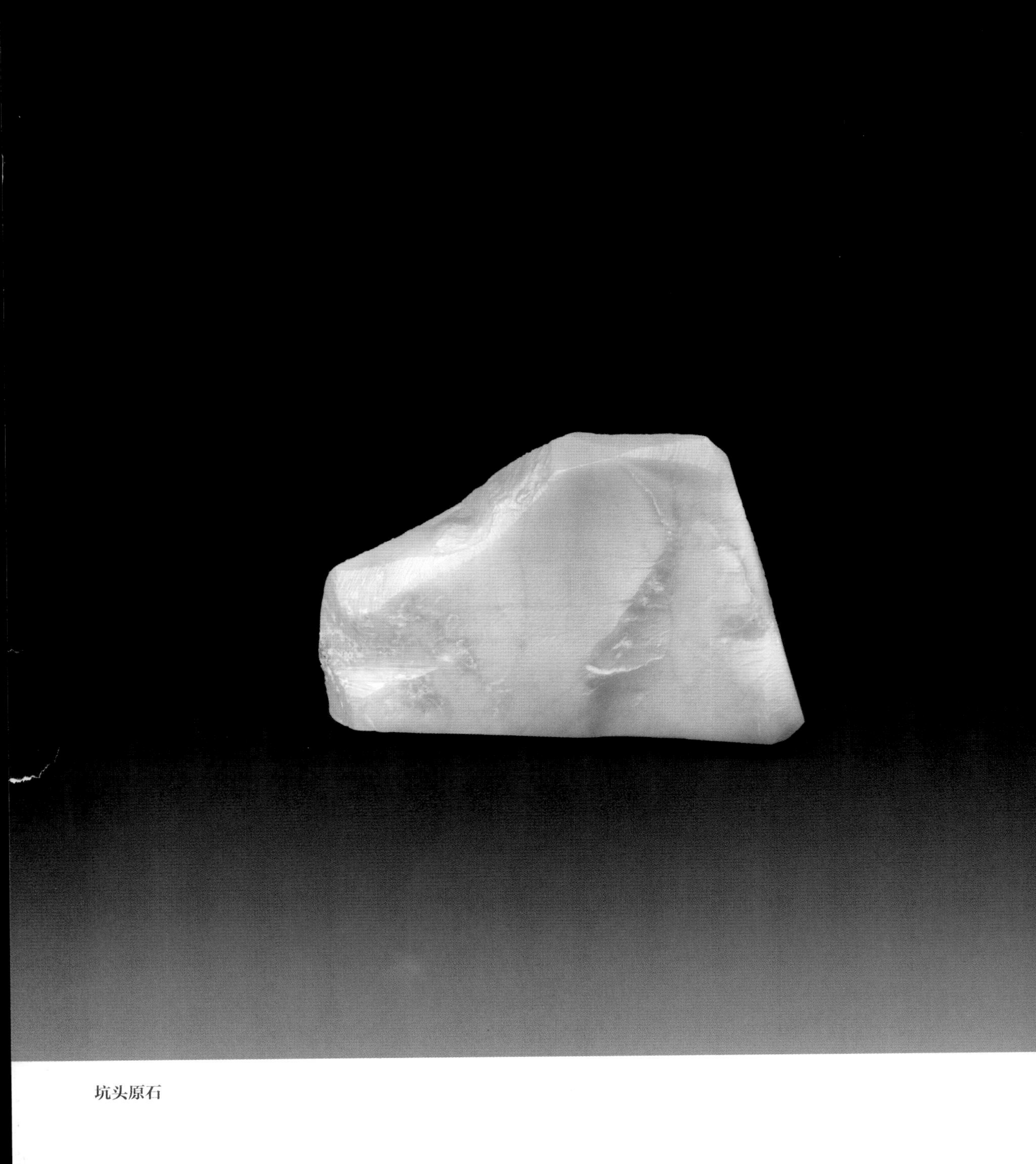

坑头原石

## 坑头石:

凡水坑石中非晶、非冻、无从归类者，统称坑头石。

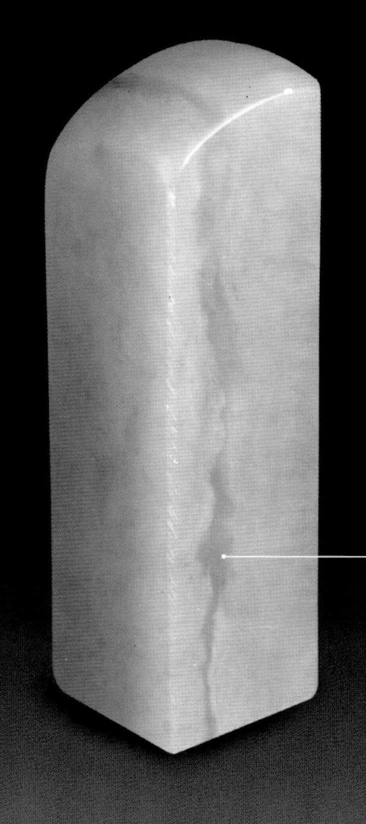


坑头石素章

**招财进宝** · 林大香 作
坑头石

**山子**·林敬华 作

坑头石

坑头石大多黑白相间，且黑色部分常带有金刚砂。

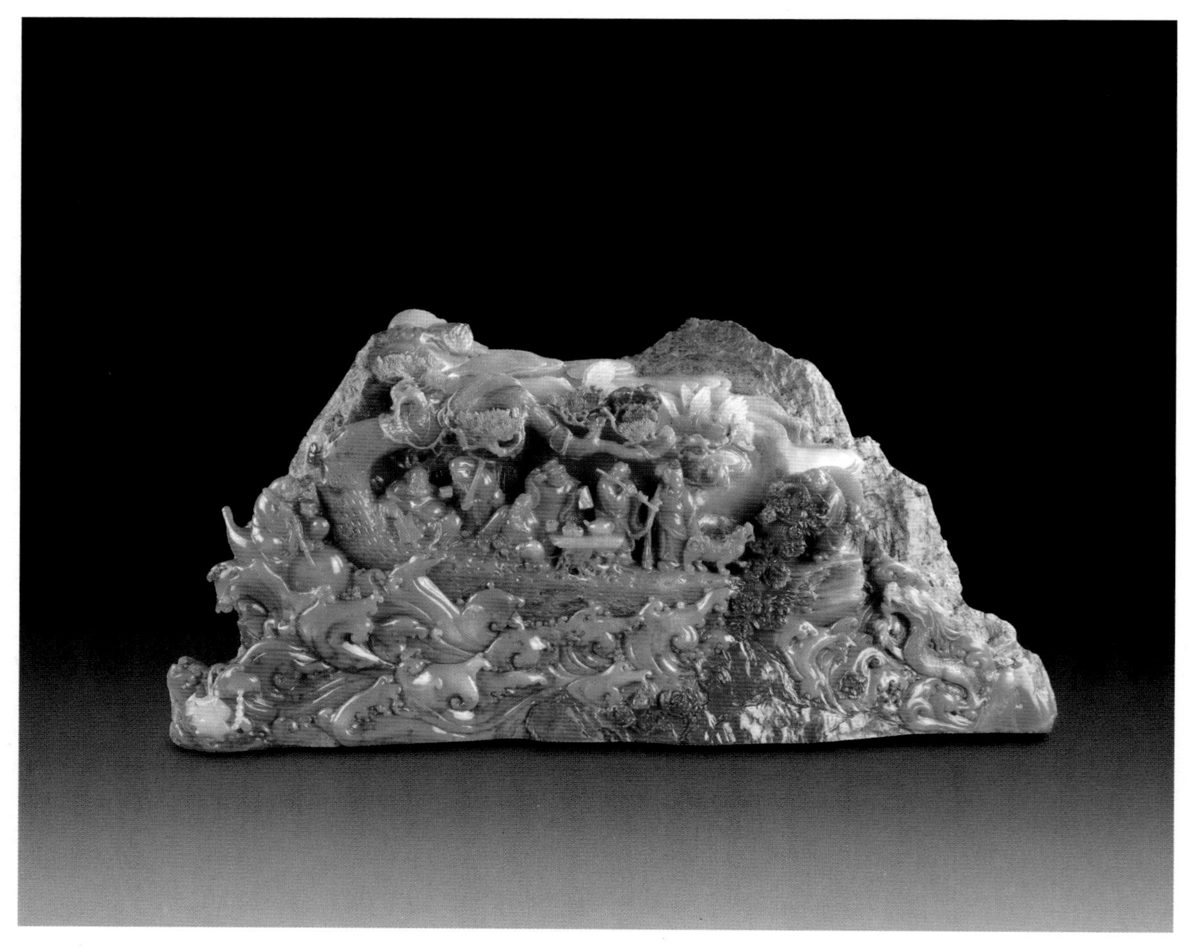

**八仙过海** · 林元康 作
新性坑头石

## 新性坑头石：

20 世纪 90 年代从坑头洞往鸡母窝洞方向挖掘开采出来一批新的水坑石，称作新性坑头石。其特征是色彩以黑为主，兼有红黄白各色，通灵度较老洞产的稍逊。

**荷趣**·林霖 作
新性坑头石

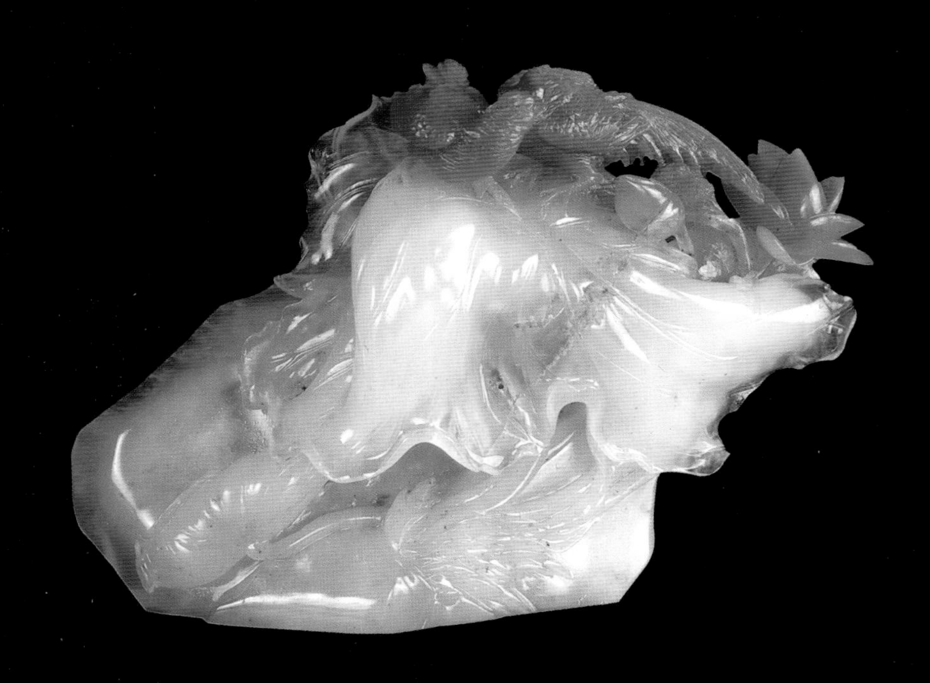

**咏荷** · 林霖 作

新性坑头石

第四节

# 坑头石的鉴辨与收藏

水坑石的品种不多，并且多数早已绝产，因此十分稀罕名贵。水坑石不但质地上乘，而且具有明显特征，所以历史上的鉴赏家将它与田坑、山坑并列，单独列为一类。如何区别水坑石的品质，可以从质地、色泽和块度三方面来评定。

**质地：**

质地晶莹纯洁者为佳，透明度越高越贵重，光泽度越强越高雅，肌理越纯洁越珍罕。

**色泽：**

石色柔和纯粹、浓淡相宜、欲露还藏、情趣动人、不含杂质者为上品。

**块度：**

水坑矿层脉线薄，矿体中纯洁部分难得，石材一般块度较小，甚至不及盈寸，所以愈大者愈难得。

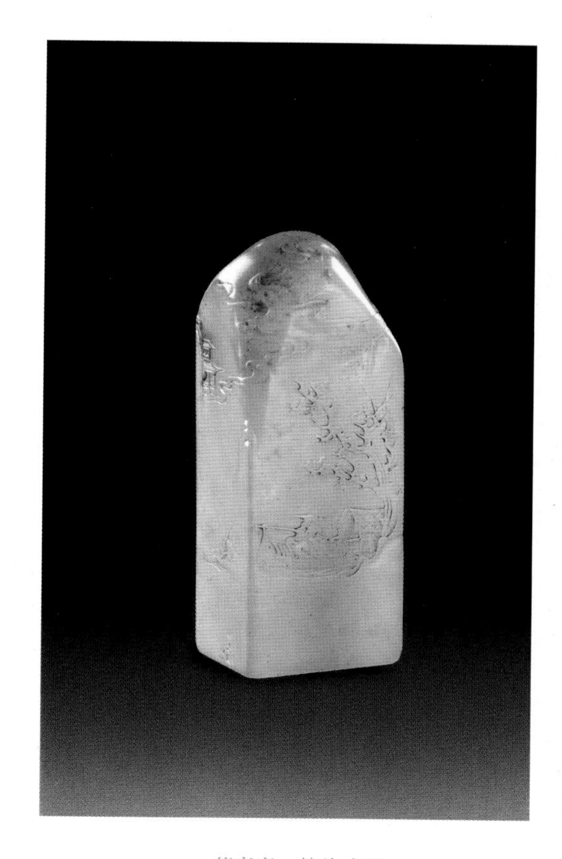

**薄意章**　坑头冻石

**麻姑献寿**·林霖 作

坑头石

坑头石大多局部泛黄，此为外表被溪中含硝的水浸泡的缘故。

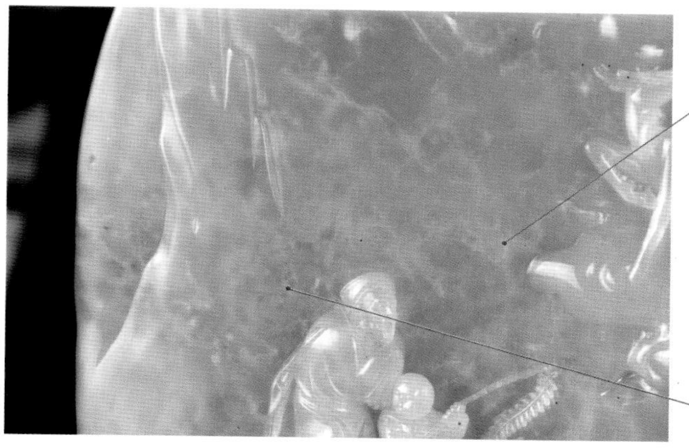


**麻姑献寿（局部）**

此石带有多种典型的坑头冻石特征。

**双龙戏水** · 王鸿斌 作

坑头冻石

此石中有明显的坑头“金刚砂”。“金刚砂”的硬度很高，无法奏刀。

**归** · 刘文伯 作
丹东石
此石乃近年开采的丹东石，色呈浅灰绿。

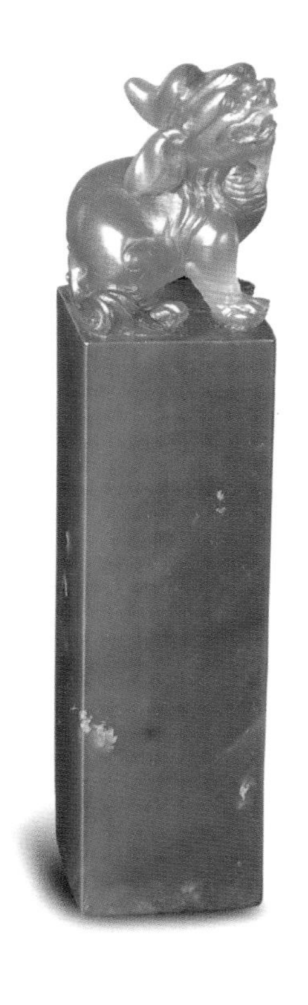

**古兽章** · 王炎铨 作
丹东石
此石乃早年开采的丹东石，色呈深绿。

**坑头石与丹东石：**

早年开采的丹东石多为绿色，近年出产的多为浅灰绿色。其质地松，石粉颗粒粗，不如坑头石细腻、通灵，刀感较涩。

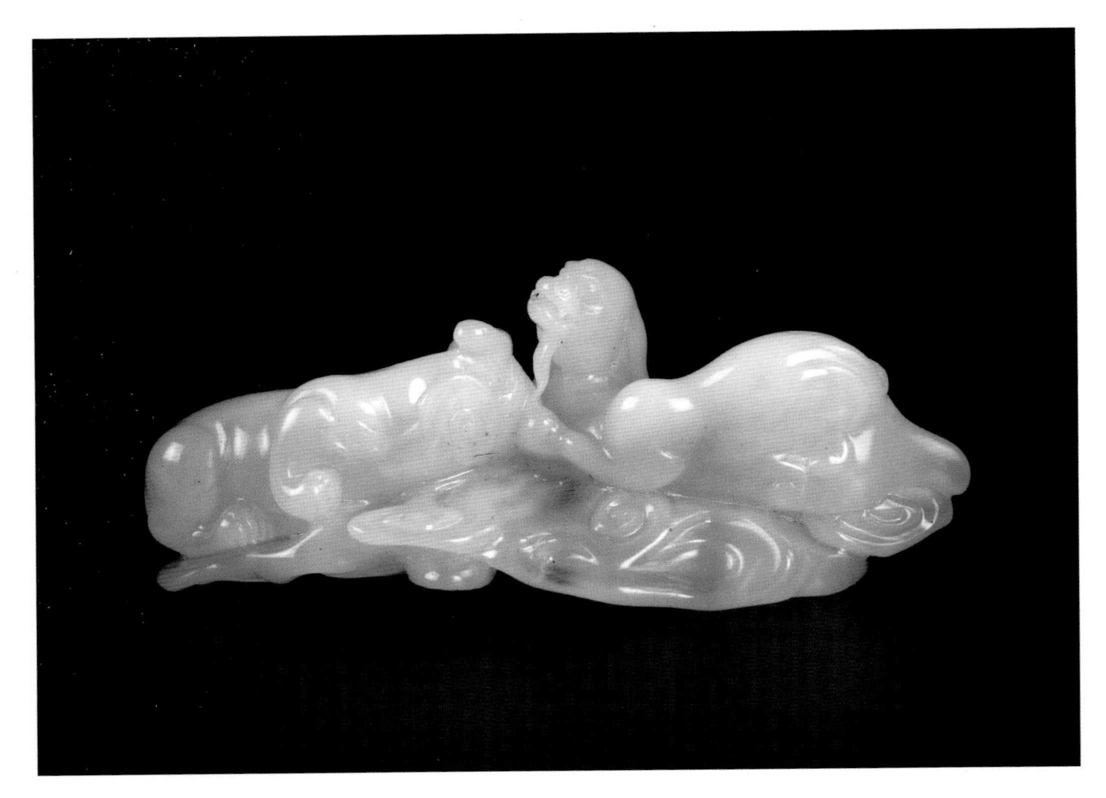

**龙凤呈祥** · 刘丹明（石丹）作
坑头石

“神骨每凝秋涧水，精华多射暮山红”。水坑石的环境与其他坑石不同，具有“水多”的特点，因此质地特别莹澈通灵，透明度极强，其他坑石在这一方面无法与之相比。有人总结坑头石有“一多三小”的特点。“一多”：寿山石中的各种晶冻石，数水坑石中最多；“三小”：水坑石的产区小、产量小、块度小。正是由于水坑石的稀罕难得，雅致之上品的身价不在田坑之下，诚为寿山石精华所在，弥足珍贵。

第五节

# 坑头石的轶事与保养

## “天下第一章”

1959年，著名画家傅抱石和关山月为北京人民大会堂合作巨幅山水画请毛泽东题字。毛主席龙飞凤舞题下“江山如此多娇”几个大字，只是不曾用章。傅抱石便替毛泽东刻一枚私章，用的是稀罕的“寿山水石”。“寿山水石”就是寿山水坑石。此章5厘米见方，字体端庄工整，线条厚重，坚挺苍劲，颇具秦韵汉风。毛主席见了十分赞赏说：“不愧是当代艺术大师的力作。”由于印面之大、印石之好、篆刻之妙和主席之尊，陈毅元帅和黄炎培先生等见了戏曰：“此，天下第一章矣！”但鉴于解放后毛泽东的书法皆不用章，因此未曾破例盖在画作上。

**喜上眉梢** · 黄景春 作
新性坑头冻石

## 水坑石的保养

水坑石的“水头”特别惹人喜爱，入手心动，不知该如何呵护爱怜，很适合把握玩赏。水坑石经年深藏水中，莹澈通灵，石质凝结，不干不燥，不必上蜡或上油。